客厅装修
新风格1500例

清新文艺风

锐扬图书 编

海峡出版发行集团 | 福建科学技术出版社
THE STRAITS PUBLISHING & DISTRIBUTING GROUP | FUJIAN SCIENCE & TECHNOLOGY PUBLISHING HOUSE

图书在版编目（CIP）数据

客厅装修新风格1500例. 清新文艺风 / 锐扬图书编.
—福州：福建科学技术出版社，2020.6
ISBN 978-7-5335-6121-5

Ⅰ.①客… Ⅱ.①锐… Ⅲ.①住宅－客厅－室内装饰
设计－图集 Ⅳ.①TU241-64

中国版本图书馆CIP数据核字（2020）第046297号

书　　名	客厅装修新风格1500例　清新文艺风
编　　者	锐扬图书
出版发行	福建科学技术出版社
社　　址	福州市东水路76号（邮编350001）
网　　址	www.fjstp.com
经　　销	福建新华发行（集团）有限责任公司
印　　刷	福建彩色印刷有限公司
开　　本	889毫米×1194毫米　1/16
印　　张	7
图　　文	112码
版　　次	2020年6月第1版
印　　次	2020年6月第1次印刷
书　　号	ISBN 978-7-5335-6121-5
定　　价	39.80元

书中如有印装质量问题，可直接向本社调换

客厅装饰亮点

①明黄色的点缀，跳跃感十足，为小客厅增添了无限的趣味性。
②家具以白蜡木为主材，简约实用。
③花艺的点缀不可或缺，增添了空间的自然气息。

对经典案例的全方位解读，
方便借鉴与参考

沙比利金刚板

客厅装饰亮点

①金属线条的大量运用令软装与硬装的搭配十分协调，还带来了一份奢华气息。
②小型家具的辅助运用，让客厅的使用功能更加完善。
③几何图案是体现现代时尚感的主要手段，主要体现在布艺元素中。

仿皮纹壁纸

特色材质的标注

混纺地毯　　　　　　　白枫木饰面板

清新文艺风 |||||||

客厅材料课堂

特色实用贴士，分类明确，
查阅方便

乳胶漆

乳胶漆以水为介质进行稀释和分解，无毒无害，不污染环境，无火灾危险，施工工艺简便，工期短，施工成本低，甚至可以自己动手涂刷。

乳胶漆在涂刷前要确保腻子打磨到位，必要的话可以用灯泡照着查看墙面是否平整；涂刷前要做好地面的保护工作，可以使用托盘来减少涂料的浪费。在与其他材质交界处或阴角分色时，需使用专业分色胶带，这样可以保证交汇处边缘整齐无锯齿，撕下来也不会破坏漆面。

第1章

清·新·文·艺·风

材料篇

全书分为材料、色彩、软装
三个章节，按需查阅，提高
效率

特色材质、配色方案、软装
元素的推荐

水曲柳饰面板　　　　　　　白色乳胶漆

肌理壁纸　　　　　　　白橡木金刚板

Contents
目 录

客厅材料课堂

乳胶漆

　　乳胶漆以水为介质进行稀释和分解，无毒无害，不污染环境，无火灾危险，施工工艺简便，工期短，施工成本低，甚至可以自己动手涂刷。

　　乳胶漆在涂刷前要确保腻子打磨到位，必要的话可以用灯泡照着查看墙面是否平整；涂刷前要做好地面的保护工作，可以使用托盘来减少涂料的浪费。在与其他材质交界处或阴角分色时，需使用专业分色胶带，这样可以保证交汇处边缘整齐无锯齿，撕下来也不会破坏漆面。

第 1 章

清·新·文·艺·风

材料篇

水曲柳饰面板

白色乳胶漆

肌理壁纸

白橡木金刚板

沙比利金刚板

客厅装饰亮点

①明黄色的点缀，跳跃感十足，为小客厅增添了无限的趣味性。

②家具以白蜡木为主材，简约实用。

③花艺的点缀不可或缺，增添了空间的自然气息。

仿皮纹壁纸

客厅装饰亮点

①金属线条的大量运用令软装与硬装的搭配十分协调，还带来了一份奢华气息。

②小型家具的辅助运用，让客厅的使用功能更加完善。

③几何图案是展现现代时尚感的主要手段，主要体现在布艺元素中。

混纺地毯

白枫木饰面板

白色乳胶漆　　　　　　　　　　　　　　　　　　　　　胡桃木金刚板

客厅装饰亮点

①黑白条纹的懒人沙发十分吸睛，增强了客厅的休闲氛围。

②动物题材的装饰画，体现出主人的生活情趣与爱好。

客厅装饰亮点

①射灯的映衬，让木饰面板的层次更加分明，为室内增温不少。

②画品、布艺等软装元素的色彩丰富，营造的氛围更显活泼。

③低矮的布艺沙发、造型纤细的木质家具，让小客厅不显拥挤。

白色板岩砖　　　　　　　　　　　　　　　　　　水曲柳饰面板

客厅装饰亮点

①巨幅装饰画的色彩淡雅清新，为客厅注入不可或缺的清新感与文艺气息。

②石材与金属的结合，彰显了高级感。

爵士白大理石

客厅装饰亮点

①沙发墙的手绘图案是客厅装饰的绝对亮点，清新文艺之风油然而生。

②沙发及布艺饰品的选色形成互补，体现了搭配的用心。

手绘墙画

浅灰色仿古砖

有色乳胶漆

肌理壁纸

有色乳胶漆

客厅装饰亮点

①明亮的落地窗设计，保证了室内拥有良好的采光，即使家具的颜色较深，也不会产生压抑之感。

②复古色调的绒布沙发，简约中流露出一份轻奢的文艺感。

③精致的石膏线条让白色的墙面与顶面看起来一点儿也不单调。

白橡木金刚板

客厅装饰亮点

①客厅整体清新整洁，电视墙用工字形铺贴的灰色墙砖与白色乳胶漆形成鲜明对比。

②沙发墙的绿色是整个空间的设计亮点，清新自然之感油然而生。

③沙发、抱枕、坐垫、地毯等布艺元素让休闲时光更加舒适。

密度板混油

泰柚木饰面板

有色乳胶漆

白色板岩砖

客厅装饰亮点

①两组沙发的合理摆放,既不影响空间的动线,又能满足更多人的使用需求。

②绿色元素的大量运用,使空间氛围无比清新。

③将电视墙规划成开放式的层板,整齐摆放的书籍是最好的装饰。

中花白大理石

客厅装饰亮点

①地毯与沙发采用不同的浅灰色,呈现的视感不会让人觉得太过沉重,反而给人一种柔和而富有层次的美感。

②茶几、边几的造型低矮而纤细,兼备了功能性与舒适性。

有色乳胶漆   实木装饰线密排

客厅装饰亮点

①实木线条密排装饰的电视墙，简约中带
有一定的律动感。

②蓝色抱枕与浅灰白色沙发形成的色彩对
比柔和且不失明快之感。

客厅装饰亮点

①原木色为基础色的客厅，自然韵味浓郁，
米黄色的背景墙让客厅更加温暖。

②大叶绿植让客厅充满生机。

③家具的布置错落有致，美感与功能性
并存。

泰柚木饰面板

木质花格

仿古砖

中花白大理石

客厅材料课堂

平面石膏板

　　平面石膏板吊顶的主要材料就是纸面石膏板。纸面石膏板具有重量轻、隔声、隔热、可塑性强、施工方法简便等特点。它适用于各种风格的顶面装饰，可以与多种顶面材质进行组合运用，是一种十分百搭的装饰材料，尤其适合在小户型空间中应用。

　　石膏板必须在无应力状态下进行安装，要防止强行就位。安装时可以用木支架作为临时支撑，保证石膏板与骨架紧密接合，待螺钉固定后，再将木支架撤出。安装时的顺序是从中间向四边固定安装，不可以多点同时作业。

客厅装饰亮点

①高雅的孔雀绿给人带来奢华、贵气的视觉感受。

②家具的设计线条简约流畅，呈现出简约而不简单的美感。

客厅装饰亮点

①工字形排列的墙砖简洁大方，带有一定的层次感。

②沙发两侧的位置分别放置了一张休闲椅和懒人沙发，让原本舒适的环境更加休闲自在。

③几何图案的混纺地毯，细腻简约的条纹图案，增添了空间的文艺感。

白色板岩砖

客厅装饰亮点

①客厅的整体配色带有一份复古的文艺感，层次分明且不张扬。

②L形的沙发，满足多人使用需求，孔雀蓝的老虎椅更是为空间增添了休闲感。

③金属色的吊灯造型简约，却有着不容忽视的奢华感，搭配大叶绿植，让清新与奢华的质感结合得恰到好处。

白枫木饰面板

浅橡木饰面板

印花壁纸

混纺地毯

中花白大理石

中花白大理石

陶质木纹砖

混纺地毯

白色乳胶漆

中花白大理石

混纺地毯

中花白大理石

爵士白大理石

条纹壁纸

桦木饰面板

米色洞石

白橡木金刚板

直纹斑马木饰面板

客厅装饰亮点

①客厅选用了灰蓝色调为背景色,整体给人很高级的视觉感。

②看似随意摆放的抱枕、懒人沙发等布艺元素,兼具了实用性与高颜值。

③由吊灯、落地灯、台灯组成的照明系统,满足不同场景的使用需求。

客厅装饰亮点

①在原本该放置短沙发的位置,安放了一张躺椅,增添了空间的休闲感。

②沙发上摆放着大量的布艺抱枕,色彩十分丰富,让色调平和的空间多了一份活跃感。

③组合茶几的玻璃材质在金属支架的衬托下,摩登感十足。

爵士白大理石

沙比利金刚板   羊毛地毯

客厅装饰亮点

①合理规划的电视柜,半封闭的柜体设计,兼备了装饰性与功能性。

②大叶绿植为深色调为主的客厅带来了视觉上的清爽感。

客厅装饰亮点

①同色调的配色手法,用于小客厅中是最合适不过的,有效地避免了凌乱、拥挤的感觉。

②小型家具的选色较为鲜明,让小清新之感油然而生。

③客厅与相连空间的地面材质保持一致,视觉上更加连贯。

有色乳胶漆

沙比利金刚板

有色乳胶漆

客厅装饰亮点

①沙发与墙面的颜色形成明快的对比,活跃了空间的整体色彩氛围。

②花艺、饰品、书籍等物件错落有致地摆放,营造出惬意、舒适的空间氛围。

浅灰色网纹人造大理石

客厅装饰亮点

①将电视墙规划成整墙式的收纳柜,集装饰性与功能性于一体。

②电视墙的设计延伸至飘窗,开辟出一个可用于休息小憩的角落。

③蓝色沙发是客厅的绝对主角,与浅色背景色形成对比,视感明快。

混纺地毯

白色板岩砖

客厅装饰亮点

①电视墙上暗藏的灯带让墙面装饰材料的纹理及色泽更加清晰柔和。

②沙发墙的设计相对简约,简洁大方的线条勾勒出不一样的美感。

③少量的金属色点缀出一份轻奢的文艺感,别致而富有创意。

爵士白大理石

客厅装饰亮点

①家具、灯饰、布艺等元素的风格一致,质感好、外形佳,不用担心不和谐或者产生突兀感。

②金属元素被大量运用,线条感十足,带来轻奢的视觉效果。

③粉色的运用弱化了金属色、白色、黑色的冷硬感,让空间的整体色感趋于柔和。

金属饰面立柱

有色乳胶漆

浅橡木金刚板

中花白大理石

客厅装饰亮点

①灯带的运用十分成功，柔和的灯光映衬出沙发与墙面的层次感。

②灰蓝色地毯质感突出，色彩沉稳，稳定了空间重心。

客厅装饰亮点

①精致的水晶吊灯，为简约的客厅带来了一份轻奢的美感。

②地毯的选色为空间带来无限的清新之感，搭配大叶绿植，自然气息更加浓郁。

浅灰色网纹玻化砖

有色乳胶漆

黄橡木金刚板

有色乳胶漆

水曲柳饰面板

客厅材料课堂

水曲柳饰面板

　　水曲柳饰面板的纹理有山纹和直纹两种，颜色黄中泛白，纹理清晰，如将水曲柳木施以仿古漆，其装饰效果不亚于樱桃木等高档木种，并且别有一番自然的韵味。适用于客厅、书房、卧室等空间的装饰装修。

　　在选购水曲柳饰面板时应注意观察贴面（表皮）：看贴面的厚薄程度，越厚的性能越好，涂刷油漆后实木感强、纹理清晰、色泽鲜明、饱和度也好；表面应光洁，无明显瑕疵，无毛刺沟痕和刨刀痕，无透胶现象和板面污染现象。要注意面板与基材之间、基材内部各层之间不能出现鼓包、分层现象。要选择甲醛释放量低的板材，可用鼻子闻，气味越大，说明甲醛释放量越高，污染越厉害，危害性也就越大。

客厅装饰亮点

①木饰面板在灯光的映衬下，纹理更加清晰，与石材形成鲜明的质感对比。

②短沙发的选色十分跳跃，打破了浅色空间的单调感，增添了客厅的朝气。

中花白大理石

有色乳胶漆

浅灰色网纹玻化砖

客厅装饰亮点

①黑色、白色、米色组成的空间主色，明快整洁，砖红色的抱枕点缀其中，增添了文艺气息。

②造型充满创意的吊灯，时尚感十足。

中花白大理石

客厅装饰亮点

①做旧的皮质沙发搭配原木茶几，呈现的视感复古且带有几分文艺情怀。

②不同题材的装饰画，丰富了墙面的设计层次，艺术感十足。

③黑白色调的几何图案地毯，极富质感。

中花白大理石

客厅装饰亮点

①石材与金属结合的家具，融合了现代家居选材的风格特点，又带有浓郁的复古韵味。

②浅色为主色的空间内，金属色、孔雀绿、棕红色等色彩的点缀运用，丰富了整个空间的色彩层次，也让简约的客厅有了时尚感。

客厅装饰亮点

①客厅以浅灰色为背景色，搭配原木家具，点缀些许绿植，清新自然。

②沙发墙面挂画的题材及色彩让客厅整体更加柔和。

③黑色边几的运用十分明智，可以作为临时的书桌用来读书或学习。

黄橡木金刚板

白橡木金刚板　　　　　　　　　　　　　　　　仿岩涂料

灰色网纹玻化砖

客厅装饰亮点

①看似随意摆放的一幅装饰画，成为客厅装饰的点睛之笔，缓解了白墙的单调。

②木色地板自然质朴的触感，十分符合日式居室的特点。

客厅装饰亮点

①空间整体的配色大胆而奔放，带有一份后现代的粗犷美感。

②大叶绿植是空间中不可或缺的元素，装点出一份文艺、清新的美感。

中花白大理石

金属砖

客厅装饰亮点

①良好的采光让居室的配色更加自然。

②粉色与蓝色装饰的沙发墙与电视墙，再搭配做旧的皮质沙发、铁艺家具，演绎出后现代风的文艺感与摩登感。

③小范围点缀一些白色，化解了大面积重色带来的视觉冲击，让空间的整体感觉更舒适、和谐。

硅藻泥壁纸

客厅装饰亮点

①充满创意的吊灯拥有360度无死角的美感。

②大量布艺元素的运用，保证了舒适度与美观性。

③原木色电视柜的造型简洁，有着不可或缺的收纳功能。

中花白大理石

白桦木金刚板

爵士白大理石

混纺地毯

客厅装饰亮点

①灯饰的选择十分多样,组成了光影层次丰富的照明系统。

②家具的设计线条简洁大方,考究的选材,凸显质感。

客厅装饰亮点

①灰白色为主的客厅,柔和中带有一份明快感,黄色的点缀令空间活跃、充满朝气。

②金属与玻璃结合的茶几、边几,选材考究,造型简洁,功能性与实用性兼备。

浅灰色网纹玻化砖

混纺地毯

水曲柳饰面板

有色乳胶漆

 客厅材料课堂

硅藻泥

　　硅藻泥的肌理图案和色彩十分丰富，装饰效果非常好。卧室中采用环保的硅藻泥装饰，不仅可以调节室内湿度、吸附有毒物质、净化空气、保温隔热、防火阻燃、遮蔽放射线，而且不易沾染灰尘。

　　在选购硅藻泥时，要仔细查看硅藻泥样品，现场进行吸水率测试，若吸水率高，则产品孔质完好；若吸水率低，则表明孔隙堵塞，或是硅藻土含量低。此外，还可以对样品进行点火试验，若有冒出气味呛鼻的白烟，则可能是以合成树脂作为硅藻土的固化剂，这样的硅藻泥如遇火灾，容易产生毒性气体。

▲ 客厅装饰亮点

①客厅的整体配色给人带来后现代的摩登感与时尚感。

②家具在金属线条的修饰下更多了一份奢华气度，更富有质感。

混纺地毯

米白色哑光地砖

中花白大理石

红橡木金刚板

有色乳胶漆

白色玻化砖

水曲柳饰面板

白橡木金刚板

灰白色洞石

有色乳胶漆

有色乳胶漆

爵士白大理石

客厅装饰亮点

①白枫木饰面板装饰的沙发墙，文艺气息不言而喻。

②地砖与木质家具的颜色相仿，给人的感觉温暖而质朴。

③蓝色与黄色形成互补，活跃了整体氛围。

仿古砖

客厅装饰亮点

①纹理清晰，色泽温润的木地板，为空间提供了温和与质朴的背景氛围。

②低矮的浅灰色布艺沙发，柔软舒适，选色也自带高级感。

③量天尺与落地灯一左一右摆放在电视机两侧，提升了空间的颜值。

沙比利金刚板

密度板混油

有色乳胶漆

密度板混油

有色乳胶漆

客厅装饰亮点

①沙发墙面的设计与配色是整个空间装饰的亮点，让空间文艺范十足。

②绿植的点缀永远不会缺席在北欧风格居室中。

③造型简洁的家具，兼备了功能性与装饰性，十分符合北欧风的特点。

客厅装饰亮点

①浅色调为背景色是最能营造温馨氛围的配色手法。

②墙面挂画与地毯形成呼应，使软装搭配显得格外用心。

③棕色的皮质沙发十分富有质感，舒适又美观。

米色网纹大理石

羊毛地毯

沙比利金刚板

客厅装饰亮点

①开放式的搁板层架作为电视墙的主要装饰,让空间收纳功能的规划更加合理。

②浅灰色调的布艺沙发搭配灰蓝色的单人座椅,色彩和谐,增强了客厅的休闲感。

客厅装饰亮点

①木色与白色的组合运用,让日式氛围更加浓郁。

②低矮简约的家具实用、美观,又不会占用太多空间。

③绿植、布艺、灯饰等装饰元素的点缀,让极简的空间拥有了清新文艺之感。

浅橡木饰面板

有色乳胶漆

仿岩涂料

有色乳胶漆

客厅装饰亮点

①电视柜、茶几、边几、边柜等家具都带有一定的收纳功能，使小客厅呈现出更加整洁、有序的视感。

②沙发墙的挂画是地道的北欧风格画作，为客厅带来一份清新、文艺的视感。

③沙发一侧摆放了一对懒人沙发，可以灵活移动，搭配舒适的地毯，让休闲时光更加享受。

中花白大理石

客厅装饰亮点

①白色纱帘最大限度地将光源引入室内，让空间更加明亮通透。

②高级灰色的布艺沙发是客厅的主角，粗糙的棉麻与极简的茶几相得益彰。

③地毯的颜色跳跃，增加了空间的趣味性和时髦感。

混纺地毯

泰柚木饰面板

装饰硬包

客厅装饰亮点

①电视墙选用木饰面板及硬包作为装饰，让面积不大的空间也有了精心设计的亮点。

②木制家具的造型虽然低矮，却拥有着不容忽视的收纳功能，妥善摆放的书籍及生活用品，尽显日式收纳的和谐之美。

浅灰网纹玻化砖

客厅装饰亮点

①米白色墙面搭配灰色棉麻质地的布艺沙发，营造舒适的休闲空间。

②电视柜及两侧的收纳架，功能性极强，看似随意摆放的书籍也成为空间内最好的装饰品。

③花艺永远是打造精致生活空间的不二之选，为空间带来清爽柔和的气息。

中花白大理石

水曲柳饰面板

客厅材料课堂

白枫木饰面板

　　将天然的白枫木刨切成一定厚度的薄片，再将薄片黏附于胶合板表面，然后热压而成的装饰板材被称为白枫木饰面板。白枫木饰面板给人以一尘不染、简洁脱俗、自然清新的感觉。白枫木的纹理多变、细腻，木材韧性佳，软硬适中。可以使小巧的房间看起来整洁、不拥挤，非常适合浅色调家居风格和纯白、纯蓝的地中海风格。

　　在选购白枫木饰面板时，要尽量选择贴面厚的板材，因为合成板材的贴面越厚，性能越好，上油漆后更有质感，纹理也更清新，且色泽鲜明、饱和度也更好。可以观察板材的切面来判断贴面的厚度。

▲ 客厅装饰亮点

①木色作为沙发墙的背景色，平整干净的木饰面板，自然质朴。

②家具的设计线条简洁大方，充分体现了北欧风格家具的特点。

布艺软包

白枫木饰面板

有色乳胶漆

客厅装饰亮点

①以原木风为主的客厅，使用白蜡木作为家具的主材，体现出选材的考究。

②组合装饰画以黑白色调为主，为客厅增添了十足的现代感与艺术气息。

装饰壁布

客厅装饰亮点

①碎花图案的壁布是装饰亮点，搭配复古的卷边沙发，视感清新，充满少女情怀。

②石材与金属结合的家具，简约大方，质感十足。

仿木纹玻化砖

白橡木金刚板

有色乳胶漆

客厅装饰亮点

①黑镜线条的勾勒让白色大理石装饰的电视墙看起来更有立体感。

②家具的设计造型与选材都十分新颖, 高低错落, 深浅搭配, 让整个居室氛围充满了时尚与摩登感。

客厅装饰亮点

①原木色的家具搭配清新的绿植、浅色墙面及天花板, 让空间保持色彩上的平衡。

②肌理壁纸精致的纹理, 凸显选材的考究。

③色调清新自然的布艺元素, 让空间充满趣味性与美感。

肌理壁纸

白色乳胶漆　　　　　　　　　　　　　　　沙比利金刚板

客厅装饰亮点

①木地板与木质家具的搭配，为极简的客厅增添了温润之感。

②同色系的地毯、沙发、抱枕的组合运用，增强了客厅的舒适度与休闲感。

米白色玻化砖

客厅装饰亮点

①孔雀蓝的抱枕及短沙发，是客厅配色及软装装饰的亮点，使整体视感更显明快与清新。

②墙面的设计十分简洁，直线造型的石膏线搭配米色调壁纸，利落明快。

水曲柳饰面板　　　　　　中花白大理石

客厅装饰亮点

①淡紫色的墙面搭配白色顶面，使客厅的氛围柔和而洁净。

②家具的设计造型简洁流畅，家具的配色也贯彻了日式风的极简特点。

③布艺不仅增添了空间的生活气息，还带来几分柔美感。

有色乳胶漆

客厅装饰亮点

①家具的设计线条轻盈流畅，与整屋空间的原木风相统一。

②利用布艺以及绿植花艺来点缀空间，营造清爽的视觉感受。

③造型简约的日式灯具搭配暖色灯光，则带来一份禅意的美感。

松木板吊顶

混纺地毯

客厅装饰亮点

①搁板的展示功能不言而喻,选材与电视柜保持一致,体现搭配的用心。

②沙发与墙面保持同色,不同的材质在灯光的映衬下,呈现柔和的层次感。

爵士白大理石

客厅装饰亮点

①暗藏在电视墙上方的灯带,让石材的纹理更加清晰,两者结合得恰到好处。

②几何图案的地毯选色清爽淡雅,有效地提升了空间的颜值。

③宽大的布艺沙发,柔软舒适,使空间的休闲感十足。

浅橡木饰面板

羊毛地毯

浅橡木饰面板

混纺地毯

浅橡木饰面板

中花白大理石

🔔 客厅材料课堂

浅橡木饰面板

　　橡木由于产地不同，因此在颜色上可分为白橡木、黄橡木与红橡木三种。橡木的纹理清晰、鲜明，柔韧度与强度适中。以浅色橡木作为木饰面板的贴面，在北欧、混搭等风格的墙面装饰中十分常见。橡木的木质细密、色泽淡雅，能够轻而易举地营造出一个自然、淳朴的空间氛围。

客厅装饰亮点

①电视墙的矮墙式设计，兼备功能性与装饰性。

②大量木饰面板的运用，十分贴合北欧风居室自然质朴的特点。

白色板岩砖 浅灰色网纹玻化砖

白橡木金刚板

白枫木装饰线

布艺软包

中花白大理石

羊毛地毯

白橡木金刚板

有色乳胶漆

米黄色洞石

有色乳胶漆

石英砖

有色乳胶漆

黄橡木金刚板

浅灰网纹玻化砖

客厅装饰亮点

①浅浅的灰色调作为客厅的背景色，灯光的组合运用，让居室的氛围呈现宁静之感。

②大量的布艺元素，提高了空间的舒适度，柔和的色调带着一份小清新的美感。

③绿植、花艺的点缀，体现北欧生活的精致与从容。

灰色网纹玻化砖

客厅装饰亮点

①电视墙上方的轨道射灯，灵活的光线，赋予简约的墙面柔和的层次感。

②沙发选用略带厚重感与时尚感的深灰色，自带高级感的色彩，让空间重心更加稳定。

浅橡木饰面板

爵士白大理石

客厅装饰亮点

①木饰面板与素色墙漆装饰的沙发墙,安逸淳朴,质感与色彩的对比也令空间更有层次感。
②创意装饰画的运用增添了空间的时尚感。
③高级灰的布艺沙发,造型简约大方,庄重时尚。

客厅装饰亮点

①深灰色的布艺沙发是客厅的主角,粗糙的棉麻材质搭配简约的设计造型,舒适实用。
②浅木色的地板保证了空间的暖意。
③灰蓝基调的沙发墙与灰白色的电视墙形成的对比相对柔和,保证了空间整体色彩的和谐。

有色乳胶漆

有色乳胶漆

中花白大理石

客厅装饰亮点

①木色、绿色、白色组成的配色方案，让整个客厅显得非常清新、自然、淳朴。

②大面积的地毯缓解了瓷砖的冰冷感，提升了客厅的舒适度。

③装饰画的题材十分符合北欧居室的风格特点。

混纺地毯

客厅装饰亮点

①土黄色的沙发躺椅，不仅提升了空间的色彩层次，也使客厅的休闲感更加突出。

②白色作为客厅的背景色，让空间更显干净、整洁。

③几何图案的地毯，层次分明，质感突出，装饰性与功能性并存。

爵士白大理石

有色乳胶漆

客厅装饰亮点

①电视墙的设计造型巧妙地化解了空间结构的缺陷。

②餐客共处一室的情况下,拆除不必要的墙体,仅利用家具鲜明的色彩做出功能分区,减少拥挤感。

仿木纹壁纸

客厅装饰亮点

①电视墙采用纹理鲜明的木饰面板,每一块木饰面板都经过精心挑选与对比,以达到协调统一的视觉效果。

②黑白格子的单人座椅,提升了空间的趣味性与功能性。

③空间整体以高级灰为主色,简约大气。

泰柚木饰面板

中花白大理石

客厅装饰亮点

①木材与石材组合装饰的电视墙，质感突出。

②几何图案的地毯，减少了木色与白色搭配带来的单调感。

木质搁板

客厅装饰亮点

①浅色作为客厅的背景色，强化了空间整体的简洁感。

②小型家具及布艺元素的辅助运用，丰富了客厅的使用功能，同时也让客厅配色更有层次。

艺术墙贴

混纺地毯

客厅色彩课堂

原木色系

在充满文艺气息的北欧风与日式风居室内,原木色主要通过木质家具、木地板、木饰面板等元素呈现出来,能够衬托出悠闲、舒适、清新的居室氛围。

第 2 章

清·新·文·艺·风

色彩篇

白色乳胶漆

有色乳胶漆

混纺地毯

胡桃木饰面板

混纺地毯

客厅装饰亮点

①装饰画的排列很有创意，让简洁的沙发墙看起来更有层次感。

②蓝色布艺沙发提升了整体居室的色彩层次，给人带来清爽宜人的视觉感。

印花壁纸

客厅装饰亮点

①精心挑选的木饰面板纹理拼贴自然，从细节中体现了装饰的用心。

②茶几由金属与石材组成，别致的造型，增添了空间的时尚感。

③大块地毯的运用，缓解了石材及金属带来的冷硬感，起到柔化空间视感的作用。

浅橡木饰面板

有色乳胶漆

客厅装饰亮点

①家具是空间装饰的亮点之一,错落有致的布置方式,不显凌乱,功能性更全面。

②灯光的组合运用,让同色系的沙发与墙面看起来更有层次,少了单调感。

客厅装饰亮点

①绿植永远是营造清新氛围的不二之选。

②浅色调为主的空间总能给人带来整洁、宽敞的视感。

③灯饰、画品、工艺品体现了搭配的用心,也增添了空间整体的时尚感。

灰白色网纹玻化砖

浅橡木无缝饰面板

客厅装饰亮点

①浅色的乳胶漆搭配原木色饰面板，简洁
大方又不失质感。

②布艺、绿植等软装饰品的点缀，呈现出
简洁而美好的现代生活理念。

客厅装饰亮点

①粉色调与蓝色调的组合运用，碰撞出后
现代的文艺感与摩登感。

②顶面两组轨道射灯的运用，让空间的主
题更加突出。

装饰硬包

羊毛地毯

装饰硬包

客厅装饰亮点

①木色与白色组合而成的空间,温润而洁净。

②红色与绿色的点缀,为空间带来一份后现代的摩登感。

③大叶绿植永远是北欧风格居室中不可或缺的装饰元素,有了它的点缀,小清新氛围油然而生。

沙比利金刚板

客厅装饰亮点

①小客厅家具的搭配十分合理,低矮的设计造型,永远是日式家具的特点,主辅相搭,麻雀虽小,五脏俱全。

②吊灯十分富有创意感,裸露的灯泡带有一份工业风的腔调。

羊毛地毯

爵士白大理石

仿木纹玻化砖

有色乳胶漆

客厅装饰亮点

①格栅的运用既充当了电视墙，又避免了楼梯暴露的尴尬，巧妙化解了布局的不足。
②客厅家具无论是色彩还是造型都十分重视功能性与美观性。

有色乳胶漆

客厅装饰亮点

①客厅利用灰色与粉色的组合营造出视觉上的高级感。
②窗帘、地毯、沙发、抱枕等布艺元素的运用，增添了客厅的轻松感。

灰白色玻化砖

有色乳胶漆

红橡木金刚板

🔔 客厅色彩课堂

白色+木色+绿色/红色

若想居室氛围清新文艺，家居空间的主要配色就要呈现低饱和度，其中白色、原木色、米色是常用色，也可再适当加入少量的大红、大绿等饱和度高的亮色进行点缀。

▲ 客厅装饰亮点

①集收纳与展示功能于一体的柜体代替了传统的电视墙，随意摆放的花艺、画品等小物件都是客厅中不可或缺的装饰亮点。

②小空间可以适当地运用一些深色来稳定空间重心，高级灰就是不错的选择。

泰柚木饰面板

密度板混油

黄橡木金刚板

客厅装饰亮点

①灯具的组合运用,让客厅的装饰主次分明,整体更有层次感。

②地毯选色跳跃,搭配几何图案更有时尚感,大大提升了空间的层次感与美感。

客厅装饰亮点

①沙发墙的选色是客厅中最大的亮点,不会让人感到压抑或突兀,反而摩登感十足。

②宽大明亮的落地窗是保证空间可以大胆配色的最大前提。

③绿植的运用为空间增添了无限的自然韵味与文艺气息。

有色乳胶漆

木质搁板

客厅装饰亮点

①造型极富创意的吊灯,光线十分柔和,是
客厅装饰的点睛之作。

②黑白相间的条纹布艺元素增添了空间视
感的活跃度。

客厅装饰亮点

①墨绿色的绒布沙发为客厅带来了复古的
高级感。

②家具的设计线条纤细流畅,结合复古色
调,提升了空间的时尚感。

③宽大的落地窗搭配白色半通透的纱帘,
使室内采光更加柔和。

石膏装饰浮雕

浅色仿古砖

客厅装饰亮点

①小空间内的沙发墙不做任何复杂造型，一幅写意的装饰画便能起到很好的装饰效果。

②家具的体积较小，没有多余复杂的造型，简约实用。

客厅装饰亮点

①小家具高挑纤细的造型，成为客厅装饰的亮点之一，保证更多使用功能的同时也起到了良好的装饰效果。

②墙面装饰画的题材及色彩，呈现的视感十分清新文艺。

③地毯的灰白色几何图案，律动感十足。

混纺地毯

硅藻泥壁纸

有色乳胶漆

客厅装饰亮点

①灯饰的选择新颖别致,打造出梦幻华丽的光影效果。

②家具的设计线条简约,充满现代感的设计造型与复古色调完美结合。

③画品、小型家具、布艺等元素为空间增添了无限的清新之感。

中花白大理石

客厅装饰亮点

①电视墙的选色低调而复古,为北欧风格居室增添别样情调。

②大叶绿植与鹿头装饰是打造北欧风的不二之选。

有色乳胶漆

仿木纹玻化砖

混纺地毯

中花白大理石

客厅装饰亮点

①利用空间布局将电视机隐藏其中,是一种十分巧妙的设计手法。

②电视墙下方的火焰图案壁纸则为灰白为基调的空间增添了无限暖意。

③蓝色单人座椅的设计造型新颖别致,提升了空间整体的颜值。

灰色网纹玻化砖

客厅装饰亮点

①沙发墙面装饰着一幅极有创意的挂画,为极简的空间带来了浓烈的艺术气息。

②沙发、茶几、电视柜的设计简约又轻盈,与空间的极简风相统一。

胡桃木饰面板

黄橡木金刚板

中花白大理石

客厅色彩课堂

高级灰与原木色的搭配

　　高级灰与原木色作为空间的主体色，是营造文艺风使用率最高的配色手法，多用于中等面积的装饰上。原木色与灰色忠诚于自然本质，彰显出素朴、雅致的品位，作为过渡色能很好地强化整体风格。

客厅装饰亮点

①木地板采用鱼骨造型的拼贴方式，丰富了整个空间的设计感。

②中花白大理石与木饰面板一起装饰的电视墙，石材通透洁净，木材触感温和，整体的视觉感受十分和谐舒适。

有色乳胶漆

中花白大理石

装饰硬包

印花壁纸

混纺地毯

白色板岩砖

水曲柳饰面板

有色乳胶漆

胡桃木饰面板

密度板肌理造型

中花白大理石

装饰硬包

仿古砖

白色乳胶漆

客厅装饰亮点

①金属元素的修饰运用，勾勒出后现代的文艺复古风。

②大叶绿植营造出客厅中不可或缺的清爽感。

沙比利金刚板

客厅装饰亮点

①筒灯、吊灯、落地灯、台灯组成的照明系统，光影层次柔和丰富。

②白墙与原木家具的搭配，将日式的极简风格演绎得淋漓尽致。

条纹壁纸

▲ **客厅装饰亮点**

①直线条装饰的电视墙搭配色彩清爽的条纹壁纸, 呈现清爽宜人的视感。

②木质茶几温润的色调, 清晰的纹理, 淳朴韵味浓郁。

客厅装饰亮点

①浅灰蓝色为背景色的电视墙呈现出的视感十分高级。

②浅木色的电视柜, 带有一定的收纳与展示功能, 能够满足日常使用需求。

③布艺元素是空间搭配的一大亮点, 舒适性与美观性并存。

有色乳胶漆

沙比利金刚板

仿木纹墙砖

客厅装饰亮点

①墙面装饰画的题材极富创意,充分展现了现代艺术的美感。

②米色调的布艺沙发沐浴在自然光下,显得格外舒适。

③木地板在自然光的照射下,油然而生的淳朴之感十分强烈。

客厅装饰亮点

①组合排列的装饰画,打破了墙面的单调,为空间增添了艺术气息。

②休闲椅的配备,让布局简约的空间有了很高的自由度与舒适感。

③造型简单的边柜可以满足日常储物需求,木色与白色的组合让空间不会显得过于沉重,性价比很高。

白色板岩砖

装饰硬包

泰柚木饰面板

客厅装饰亮点

①木饰面板装饰的电视墙，在灯光的映衬下，纹理更加清晰，色泽更显温润。

②低矮造型的家具永远是小空间的首选，兼备了装饰性与功能性。

爵士白大理石

客厅装饰亮点

①石材与木材的组合运用，无论是色彩还是质感都形成鲜明的对比。

②金属元素的运用，为空间注入了不可或缺的时尚感。

③棕色、高级灰、白色组成了空间的主色调，冷色的调和为空间增添了清新之感。

混纺地毯

爵士白大理石

硅藻泥壁纸

客厅装饰亮点

①绿植上墙是客厅装饰的亮点之一, 别出心裁, 充满创意。

②硅藻泥壁纸装饰的沙发墙, 环保性能极佳。

③木质家具选用深胡桃木, 质感考究, 造型简约。

有色乳胶漆

客厅装饰亮点

①量天尺是北欧风格居室内十分常见的一种绿植。

②沙发墙的淡冷色调乳胶漆与电视墙的白色墙砖, 营造出明快又舒适的背景环境。

③白蜡木电视柜与边柜, 选材统一, 可用于日常物品的收纳。

红橡木金刚板

白色板岩砖

肌理壁纸

浅灰色网纹玻化砖

🔔 **客厅色彩课堂**

原木色与冷色系的运用

　　北欧风格的居室能给人带来清新自然之感，在用色上多以青蓝色、青绿色、黄绿色或茶绿色等冷色作为原木色的配色。由于木色与绿色同属于低饱和度、中明度的色相，两者搭配在一起尽显自然和谐。

▶ **客厅装饰亮点**

①墙饰的设计造型极富创意，橙色与黑色的撞色处理也格外吸睛。

②绿植与电视墙壁纸的颜色形成呼应，自然气息浓郁。

白橡木金刚板

金属收边条

爵士白大理石

仿木纹玻化砖

白色乳胶漆

黄橡木金刚板

有色乳胶漆

肌理壁纸

混纺地毯

黄橡木金刚板

有色乳胶漆

白色人造大理石

爵士白大理石

仿古砖

白橡木金刚板

客厅装饰亮点

①原木家具的质感十足，精湛的工艺，简约大方的设计造型，十分符合北欧风格家具的特点。

②沙发墙上平行悬挂的三联装饰画，题材新颖，为简约的墙面增添艺术感。

皮革软包

客厅装饰亮点

①暖色调的软包搭配灰色、白色人造大理石、壁纸，打造出层次丰富的电视墙。

②茶几的一侧放置了一张休闲椅，明快的绿色增添了室内的清爽气息。

仿木纹玻化砖　　　　　　　　有色乳胶漆

客厅装饰亮点

①撞色的三联装饰画，打破了浅色墙面的单调感。

②几何图案的地毯质感突出、触感柔和，与高级灰的布艺沙发搭配得十分和谐。

客厅装饰亮点

①小客厅没有复杂的设计造型，采用原木色与浅色为主，延续了日式质朴的原木风。

②布艺元素的补充与点缀，永远是营造空间氛围的重要手段。

米白色玻化砖

白橡木金刚板

混纺地毯

客厅装饰亮点

①沙发两侧对称摆放的收纳架,利用层架上的藏品与书籍来丰富空间。

②色彩丰富的布艺元素,活跃了空间的色彩氛围。

客厅装饰亮点

①电视墙设计成收纳层板,简约大方,功能性与装饰性并存。

②米白色布艺沙发造型简洁,L形的布置方式更适合小客厅使用。

③室内整体配色柔和舒适,蓝色的沙发墙,让居室内散发着清爽宜人之感。

中花白大理石

有色乳胶漆

中花白大理石

客厅装饰亮点

①家具的设计造型十分纤巧,选用优质的白蜡木为主材,增加空间质感。

②白色及木色组成了客厅的主色调,浅灰色棉麻材质的布艺沙发、抱枕等元素的组合搭配,令人如沐春风,休闲感十足。

客厅装饰亮点

①白色系为背景色,加强了空间的通透感与洁净感。

②孔雀绿、土黄、明黄等色彩的组合,呈现出高级又复古的视感。

③客厅一角摆放的木质收纳架,兼备展示与收纳功能。

深灰色网纹玻化砖

中花白大理石　　　　　　白色板岩砖

混纺地毯

客厅装饰亮点

①装饰画与绿植点缀出客厅最活泼、最清新的色彩。

②金属材质与石材结合的家具在视觉上更显稳重，也让空间充满了高级感。

③大量布艺元素的运用，柔和了整个空间的视觉感，提升了舒适度。

客厅装饰亮点

①电视墙设计成半封闭的收纳柜，不仅方便取物，还化解了布局的不足。

②沙发与沙发墙搭配得毫无违和感，不同灰度的搭配柔和且带有一定的层次感。

③挂画是整个空间画龙点睛的装饰。

中花白大理石

清新文艺的布艺元素

　　客厅中的布艺软装类主要包括靠垫、抱枕、窗帘、地毯等。要营造一种清新文艺的空间氛围，布艺元素尽量不用过多的装饰图案，一般用简单的线条及色块来修饰，以体现简约、明快、舒适的空间格调。在颜色的选择上要选用自然清新的色调，如浅绿、淡蓝、淡粉、素白色、亚麻色、米黄色等。

第 3 章

清·新·文·艺·风

软装篇

爵士白大理石

羊毛地毯

混纺地毯

有色乳胶漆

沙比利金刚板

中花白大理石

硅藻泥壁纸

客厅装饰亮点

①电视墙富有创意的图案,为客厅空间增添了无限的趣味性。

②硅藻泥壁纸装饰墙面,强大的环保性能是其他材料所不能媲美的。

③地毯、小家具、花艺等元素的运用,丰富且活跃了空间的整体色感。

客厅装饰亮点

①淡绿色的沙发墙面成为空间清新感的来源,自然气息浓郁。

②墙面搁板的设计十分别致,为留白的墙面增添了一份美感。

有色乳胶漆

浅橡木饰面板

客厅装饰亮点

①浅色调的客厅, 整体给人的感觉洁净舒适。

②黑白条纹元素的点缀, 让搭配更有层次, 增添活跃感。

客厅装饰亮点

①单人沙发的色彩为小客厅带来清新文艺
的美感。

②茶几的造型别致, 体积虽小却能满足不
同场景需求。

③全铜材质的落地灯, 十分富有质感, 体现
了搭配的品味。

白色乳胶漆   肌理壁纸

沙比利金刚板

客厅装饰亮点

①沙发与墙面的同色系配色手法,让整个空间非常温馨。

②电视柜、茶几、木地板的选色自然感极强,彰显了北欧与日式风格居室的特点。

水曲柳饰面板

客厅装饰亮点

①可收缩的投影幕布代替了电视机,大量的留白,使空间更显洁净。

②同色调的皮质沙发与地毯,利用色彩的明度差,提升了软装搭配的层次感。

③绿色的抱枕及小沙发点缀出一种清新自如的休闲氛围。

木质搁板

白色乳胶漆

客厅装饰亮点

①深色木饰面板装饰的电视墙,带来视觉上的高级感。

②沙发的造型简约,质地柔软,使用体验十分舒适。

③电视柜、茶几、边几等家具都选用质朴的原木色,搭配更统一。

④植物的点缀增添了空间的自然气息与清新韵味。

黑胡桃木饰面板

客厅装饰亮点

①浅色为背景色,能够增强小空间的通透感与明亮感。

②利用半通透的层架收纳柜作为客厅与玄关之间的间隔,兼备了功能性与装饰性。

③鹿头、条纹图案的编织地毯、花艺等元素,强化了空间清新文艺的北欧格调。

有色乳胶漆

灰色网纹玻化砖

爵士白大理石

桦木金刚板

客厅装饰亮点

①深色地板增加了浅色空间的厚重感，又不显沉闷。

②灰色调的布艺沙发搭配几何图案地毯、彩色抱枕，视觉效果极佳。

③艺术感很强的吊灯与灵活的轨道射灯，让客厅明亮又不失层次感。

客厅装饰亮点

①绒布饰面的沙发选色文艺，造型复古，每一处细节都不会让人失望。

②吊灯与筒灯的组合运用，凸显了墙面石材的纹理，使简约的硬装看起来十分有层次感。

中花白大理石

米白色玻化砖

客厅装饰亮点

①浅灰的棉麻沙发与木材的搭配清新质朴,让北欧系的客厅流露出淳朴的美感。

②组合挂画作为墙面的唯一装饰,丰富的内容及色彩,提升了空间整体的层次感。

客厅装饰亮点

①灰色与白色组成了客厅的主要配色,视觉效果十分高级。

②家具的线条简约大方,使用起来也更加舒适。

③墙饰与台灯的造型别致,选材十分考究。

中花白大理石

印花壁纸

仿洞石玻化砖

混纺地毯

客厅装饰亮点

①茶几上精美的花束打破了浅色空间的单调与沉闷。

②装饰画的题材十分写意，为空间带来浓郁的艺术气息。

③棉麻材质的地毯，触感极佳。

白橡木金刚板

客厅装饰亮点

①沙发墙设计成半通透的矮墙，保证了两个空间的通透感。

②良好的室内采光，让深色的电视墙看起来多了一份清爽感。

③懒人沙发的颜色看起来十分高级，色相的互补也增添了空间配色的层次感。

爵士白大理石

皮革软包

浅橡木金刚板

🔔 客厅软装课堂

造型简约流畅的家具

在当下众多装修风格中，北欧与日式风格给人的感觉清新文艺，这两种风格家具的设计造型都以简约而著称，简洁流畅的线条感也代表了一种时尚。北欧风格家具取材于上等的枫木、橡木、云杉木、松木和白桦木等，将其本身所具有的柔和色彩、细密质感以及天然纹理非常自然地融入家具设计之中，展现出一种朴素、清新的原始之美。日式风格家具一般都比较低矮，颜色以浅色系为主，如原木色、白色、米色、浅灰色等，可与地板颜色接近，也可与墙面、饰面板的颜色接近，清新的纹理、淡雅的色彩，让空间显得宁静、安定、有禅韵。

客厅装饰亮点

①电视墙打造成半通透的收纳木格，丰富的藏品及书籍就是空间最好的装饰。

②大叶绿植是北欧风格中不可或缺的点睛之笔。

木质搁板

有色乳胶漆

混纺地毯

浅啡色网纹玻化砖

混纺地毯

有色乳胶漆

有色乳胶漆

混纺地毯

白橡木金刚板

米白色洞石

胡桃木饰面板

有色乳胶漆

红橡木金刚板

黄橡木金刚板

混纺地毯

白色乳胶漆

客厅装饰亮点

①大面积的留白，让小空间看起来不显拥挤。

②用投影幕布代替电视机，既能节省空间，又能带来不一样的观影体验。

③蓝色布艺元素的点缀，增添了空间配色的层次，整体也更显清新。

肌理壁纸

客厅装饰亮点

①深色的皮质沙发与茶几打破了浅色的单调，略有厚重感且不显压抑。

②暗花纹的羊毛地毯触感极佳，缓解了石材装饰地面带来的冷意，提升了客厅的舒适度。

中花白大理石

客厅装饰亮点

①石材与灯带一起装饰的电视墙，层次分明，灯带映衬出石材清晰的纹理，令其质感更加突出。

②白色背景和浅灰色、木色组成的客厅，简洁中透露着质朴自然的气息。

客厅装饰亮点

①布艺抱枕的选色相对跳跃，为空间增色不少。

②木质家具选材考究，简约流畅的设计造型十分符合北欧风家具的特点。

③挂画的题材增添了空间的趣味性。

沙比利金刚板

客厅装饰亮点

①黑色的木质线条与灰白色的墙面结合在一起,增加了硬装设计的层次感。

②灰色的布艺沙发搭配色彩复古的抱枕,视觉效果十分高级。

浅灰色网纹玻化砖

混纺地毯

客厅装饰亮点

①在棕色+白色的背景色里,沙发的颜色选择十分亮眼,为原本平淡的配色带来了清爽、明快的感觉。

②木饰面板与硬包装饰的电视墙,简约且富有层次感。

③几何图案地毯带来的视觉冲击力不言而喻。

有色乳胶漆

泰柚木饰面板

客厅装饰亮点

①皮粉色的皮质沙发，为北欧风格居室增
添了一份柔美之感。

②以浅色为主体色的空间内，选用一点亮
色的装饰物进行点缀，丰富了整体空间的
色感。

③白蜡木电视柜造型简洁大方，带有一定
的收纳功能。

浅灰色网纹哑光玻化砖

客厅装饰亮点

①墙面的蓝色调为简约的空间带来了视觉
上的清新感。

②地面以高级灰为主色，令配色效果更加
稳重且时尚。

③金属元素的点缀，提升了软装搭配的质
感与品位。

混纺地毯

柚木饰面板

灰白色网纹玻化砖

白色玻化砖

客厅装饰亮点

①客厅以米白色为基底,营造了自然、舒适的氛围,淡蓝色的电视墙让客厅更有清新感。

②马卡龙色系的装饰画、抱枕及地毯增添了客厅的可爱气息。

③原木色的家具及绿植带来一股大自然的气息,质朴而清新。

有色乳胶漆

客厅装饰亮点

①铁皮粉与豆绿色的组合,清爽文艺中带有一丝甜美感。

②绿植与装饰画的点缀恰到好处,十分适合北欧风家居的搭配。

有色乳胶漆

客厅装饰亮点

①浅浅的灰绿色墙漆为客厅营造出一种宁静与温馨的氛围。

②绿植与原木家具的组合，使客厅呈现一派返璞归真的自然美感。

客厅装饰亮点

①适当地运用一些粉色调，能为空间带来浪漫、甜美之感。

②大叶绿植与原木色木质茶几的组合，是北欧风格居室中不可或缺的元素。

③宽大的落地窗搭配双层窗帘，保证了空间拥有良好舒适的采光。

浅米色网纹玻化砖

中花白大理石

混纺地毯

黄橡木金刚板

客厅装饰亮点

①绿色调的沙发给客厅带来清新自然的视觉感受。

②电视墙的搁板设计延伸至飘窗，让空间功能更加丰富。

水曲柳饰面板

客厅装饰亮点

①电视墙采用水曲柳饰面板与花白大理石的组合，简约中带有一定的温度感。

②大量布艺元素的运用，缓解了石材的冷硬感，增添了空间的舒适度与色彩层次。

③高颜值的吊灯也是客厅装饰中的亮点。

有色乳胶漆

浅橡木金刚板

木质格栅

🔔 客厅软装课堂

取材自然的饰品

　　一般来说氛围清新文艺的居室空间都是以宽敞明亮、内外通透为主，强调视觉上的立体宽广，同时最大限度地引入自然光来平衡室内的色彩，令空间散发着明媚自然的气息。常用的装饰元素大多是古典文化的精髓与现代时尚设计的完美结合，主要以玻璃制品、纯棉布艺、绿色植物为主。

↑ 客厅装饰亮点

①浅橡木装饰的沙发墙面，搭配一幅水粉画作为装饰，文艺感十足。

②半通透的木质格栅，线条感强，装饰效果极佳。

③造型简约的灯饰搭配暖色灯光，使空间的整体氛围更加温馨舒适。

有色乳胶漆

白枫木饰面板

中花白大理石

白色乳胶漆

水曲柳饰面板

中花白大理石

肌理壁纸

中花白大理石

黄橡木饰面板

彩色硅藻泥壁纸

白枫木踢脚线

白色乳胶漆

中花白大理石

灰白色网纹玻化砖

仿古砖

客厅装饰亮点

①蓝、白为主色调的空间，清新感十足。

②精美的花艺、灯饰、布艺等软装饰品的点缀，丰富色彩层次并提升美感。

③仿古砖的古朴气质，增添了浅色调空间的稳重感。

混纺地毯

客厅装饰亮点

①沙发颜色的选择打破了浅色背景色的单调感，很好地提升了色彩层次。

②黑白色调的装饰画，艺术气息十分浓郁。

红橡木金刚板

客厅装饰亮点

①纹理自然、质地天然的木地板在阳光的沐浴下质感更佳,温暖感倍增。

②大量布艺元素的运用,让客厅的休闲感更浓。

客厅装饰亮点

①鹿头装饰,是北欧风格居室中经常用到
的装饰元素。

②冷色与原木色的组合,清新文艺。

③挂画、灯饰、绿植、抱枕等软装元素的点
缀,让空间色彩更丰富。

有色乳胶漆

中花白大理石

客厅装饰亮点

①粉色墙面搭配蓝色绒布沙发,高贵感油然而生。

②绿植的点缀,为轻奢格调十足的空间增添了浓郁的自然气息。

花式石膏装饰线

客厅装饰亮点

①客厅拥有良好的采光,让粉色调为背景色的空间显得更加浪漫、甜美。

②灯饰的运用是空间不得不提的亮点,精致梦幻,光影层次柔和。

③绿植的点缀不可或缺,使空间氛围清新自然。

肌理壁纸　　　　　　　　　浅灰网纹玻化砖

客厅装饰亮点

①电视墙上量身打造的搁板及收纳柜,兼
备了功能性与装饰性,丰富的藏品增添了
室内的生活气息。

②沙发、单人座椅、窗帘的选色,凸显了北
欧风格居室清新、自然的美感。

有色乳胶漆

客厅装饰亮点

①图案精致的印花壁纸结合质感温润的木
饰面板,给设计简约的电视墙平添了一份
文艺气息。

②布艺沙发选用的是当下最为流行的高级
灰,成为空间时尚感的来源。

胡桃木饰面板

中花白大理石　　　　　白枫木装饰线

有色乳胶漆

客厅装饰亮点

①电视墙摒弃了传统式实墙,增添了空间设计的趣味性,也让布局规划更显合理。
②蓝色与黄色抱枕色彩上的互补,让浅色调为主的空间看起来更有活力感。

中花白大理石

客厅装饰亮点

①电视墙的设计兼备收纳与展示功能的同时,也有着很好的装饰效果。
②小空间内所有的活跃感均来自布艺元素的点缀,色彩层次十分丰富。
③吊灯的造型富有创意,全铜的质感也更显家居品位。

有色乳胶漆

客厅装饰亮点

①原木地板自然的纹理和天然的质地，给客厅带来无法替代的温暖感。

②布艺抱枕的图案精美，色彩丰富，合理的运用让客厅和谐又温馨。

白色板岩砖

客厅装饰亮点

①大型绿植是最能体现室内清新文艺气息的装饰元素之一。

②白色板岩砖质朴且富有生活气息。

③成品电视柜与茶几配套搭配，可用于简单的日常收纳。

混纺地毯

有色乳胶漆

灰白色网纹大理石

客厅装饰亮点

①灯光的运用,让电视墙面的石材纹理更加清晰,视感更显温润。

②沙发、地毯、窗帘等布艺元素让空间的视感与触感更加和谐舒适。

③绿色、黄色、蓝色的点缀及辅助,为空间带来浓郁的自然气息。

有色乳胶漆

客厅装饰亮点

①绿色墙面搭配木质家具,自然淳朴的味道油然而生。

②灰色调永远是打造空间视觉高级感的不二之选。

③灯饰的造型十分丰富,吊灯、灯带、落地灯、台灯组合成不同层次的光影效果。

混纺地毯

仿木纹壁纸

拉丝玻璃

客厅装饰亮点

①宽大的落地窗,让客厅的视野更加开阔。

②原木材质的家具造型简约,使整个空间朴实无华的氛围更浓。

🔔 **客厅软装课堂**

造型简约的暖色灯具

　　灯光是奠定空间氛围的关键元素,利用半透明材质的灯饰能够营造出自然、亲切,富有文艺感的居室氛围。此类灯饰的造型简约,不抢眼,搭配偏暖色调的灯光,再选用不同类型的灯具,便能有效提升空间的格调与层次感。灯饰的材质以金属、竹木、铜、玻璃、羊皮纸居多,色彩以白色、米色、木色为主。

黑镜装饰线

茶镜装饰线

有色乳胶漆

混纺地毯

胡桃木饰面板

桦木饰面板

水曲柳饰面板

中花白大理石

白色乳胶漆

有色乳胶漆

有色乳胶漆

浅灰色哑光地砖

浅灰色网纹玻化砖

混纺地毯

中花白大理石

客厅装饰亮点

①暗藏在电视墙中的暖色灯带，让墙面设
计更有层次的同时也为居室增温不少。

②灯饰选择全铜材质，质感突出，颜值
极高。

③造型低矮的家具，永远是小户型居室的
首选，能够释放更多的使用空间。

客厅装饰亮点

①精致的石膏浮雕花纹，赋予电视墙不一
样的美感。

②绿植与粉色调的墙面搭配得十分协调，
清新文艺的气息扑面而来。

③黑白格子及条纹式样的布艺元素为客厅
带来时尚感。

石膏装饰浮雕

肌理壁纸

客厅装饰亮点

①蓝色的墙面搭配柠檬黄的布艺沙发,清爽明快。

②茶几与边几都选用了考究的白蜡木,体积虽小却能满足主人的实用需求。

客厅装饰亮点

①电视墙规划成封闭式的收纳柜,选用白色的木饰面板作为装饰,整洁感十足。

②枣红色的绒布沙发,为客厅平添了一份高贵感。

白枫木饰面板

黄橡木金刚板

客厅装饰亮点

①电视墙整面规划成收纳柜,白色与木色的组合,呈现整洁而温馨的视感。

②白色、木色、绿色的色彩组合,为客厅带来一股清新自然的气息。

混纺地毯

客厅装饰亮点

①浅灰色的沙发搭配蓝色调的墙面,安逸、宁静。

②绿植与沙发墙面的挂画是体现北欧风特点的代表元素。

白色板岩砖

有色乳胶漆

中花白大理石

客厅装饰亮点

①木色+白色+灰色形成了客厅的主色调，时尚中流露出一份清新之感。

②白色石材在灯光的映衬下，色泽更加柔和，纹理更清晰。

③无主灯的照明方式，让光线更加柔和多变。

客厅装饰亮点

①墙贴的运用为客厅增添了无限的趣味性。

②短沙发的颜色十分跳跃，为室内增添了一份活跃感。

③吊灯的造型十分别致，裸露的灯泡带有一份复古的美感。

艺术墙贴

混纺地毯

黄橡木金刚板

有色乳胶漆

客厅装饰亮点

①木质家具以考究的白蜡木为主材,体现了北欧风家具的特点。

②浅色为背景色的客厅中,黄色、蓝色的点缀,显得尤为亮眼。

③大块地毯的运用则缓解了地砖的冰冷质感,提升客厅的舒适度。

沙比利金刚板

客厅装饰亮点

①沙发墙面撞色拼贴的墙砖是整个客厅装饰中的最大亮点,视感十分明快。

②布艺沙发给人的感觉宽大而柔软,有效地化解了大量石材带来的冷意。